ELEMENTE CHIMICE
Tabelul periodic

Cele aproape infinite obiecte □i materiale din jurul nostru sunt de fapt format din numai un număr limitat de elemente chimice . □tim astăzi că 91 există în mod natural pe Pamant . Ei încep cu hidrogen, care sa format la scurt timp după ce universul a venit în existen□ă . Alte 90 au fost realizate fie prin reac□ii nucleare care au loc în centrul de stele de ardere sau de explozii catastrofale numite supernove , care sunt , uneori, produse atunci când stelele mor . Câteva mai multe elemente sunt realizate în mod artificial în laboratoarele .

Fiecare element se comportă diferit □i are proprietă□i diferite de toate celelalte . Un sistem de organizare a informa□iei despre proprietă□ile chimice ale elementelor □i compu□ilor chimici care le fac este esen□ială . Tabelul periodic modernă se bazează în principal pe activitatea de chimistul rus Dmitri Mendeleev a căror masă publicat în 1869 plasate elementele din rândurile orizontale în func□ie de greutatea lor cu un rând sub celălalt , astfel încât toate elementele cu proprietă□i similare căzut în coloane verticale. În secolul 20 cu cuno□tin□ele acumulate despre structura atomului , modul corect de a comanda a elementelor a fost descoperit □i tabelul periodic prezenta a fost formulată .

Atomi formate din protoni , neutroni □i electroni sunt componente de bază ale elementelor . Fizician englez Henry Moseley demonstrat că ceea ce determinăcomportamentul fiecărui element este numărul său atomic ,numărul de protoni din nucleu , nu greutatea sa atomică , care este o măsură a numărului total de protoni si neutroni in nucleu . Modul corect de a comanda elemente din tabelul periodic a fost , prin urmare, prin numărul lor atomic . De□i atomii unui element dat au acela□i număr de protoni acestea pot avea număr diferit de neutroni . Acestea sunt numite izotopi □i existen□a lor explică de ce greutatea atomică este un indicator de încredere de pozi□ia unui element în tabelul periodic .

Elementele sunt aranjate în ordinea numerelor lor atomice în rânduri numite perioade . Trecerea de la stânga la dreapta pe o perioadă , există tranzi□ie de elemente care sunt ·metale la cele care sunt non- metale . Coloanele verticale aletabelului periodic se numesc grupuri . Toate elementele din cadrul unui grup au proprietă□i chimice similare □i sunt uneori denumite familii de elemente .

DE CE ELEMENTE în cadrul unui grup AU COMPORTAMENT chimică similară

Numărul atomic determină numărul de electroni încărca□i negativ sunt con□inute în atomii unui anumit element □i estestructura electronii orbiteazănucleul care determină cât de elemente interac□ioneze între ele . Această distribu□ie a electronilor învalen□ă , sau exterior , înveli□ul atomului sunt expuse la al□i atomi când ele reac□ionează . Elemente ale căror cochilii de valen□ă sunt complet plin sunt extrem de stabil □i par să reac□ioneze cu aproape nimic altceva . Cei cu scoici incomplete vor avea tendin□a de a reac□iona cu al□i atomi într-un mod care vor completa aceste scoici . Atomi cu configura□ie similară valen□ă - coajă au proprietă□i chimice similare . Elemente din acela□i grup din tabelul periodic au acela□i număr de electroni de valen□ă .

Tabelul periodic , atunci este o hartă amodului în care electronii se vor aranja în atomii unui anumit element . Capacitatea de a prezicecomportamentul chimic al unui element bazat perândul □i coloana în care se constată facetabelul periodic un instrument de referin□ă nepre□uit pentru practicienii □tiin□ei .

HIDROGEN
Numărul atomic : 1
Chimic Simbol : H
Grupa : 1A

Hidrogenul format din doar un singur proton , care serve□te ca nucleu , înconjurat de un singur electron . Simplitatea ei ne ajută să explicăm de ce este de departe elementul cel mai abundent , care constituie 93 % din to□i atomii din univers . Hidrogenul este un gaz care nu are nici un miros sau gust , este complet incolor □i extrem de flammable.The combina□ie de hidrogen cu oxigen produce compus de cele mai comune , water.Hydrogen este , de asemenea, incluse în compu□i organici , compusi biologici prezen□i în organismele vii , în parfumuri , coloran□i, pesticide , ADN si proteine ! Lista merge pe □i de pe !

HELIUM
Numărul atomic : 2
Chimic Simbol : A
Grupa VIII A- Gazele nobile

La fel ca toate gazele nobile , heliu este incolor □i odourless.Together hidrogen □i heliu formează un uimitor 99,9 % din elemente din univers . Numele său vine de la " Helios " grecesc care înseamnă " soare " . Heliu de la soare este produs prin fuziunea hidrogenului . Această reac□ie furnizează energia de care soarele radiază în spa□iu . Heliu are o densitate scăzută □i este , prin urmare, util în dirijabile □i baloane de jucărie pentru flotabilitatea acestuia în air.Astrnomers folosi□i lichid extrem de rece de la de heliu pentru a elimina termic " zgomot ", ceea ce face mai u□or □i mai fiabile pentru a primi date de la galaxii îndepărtate .

LITHIUM
Numărul atomic : 3
Chimic Simbol : Li
Metale din grupa IA -alcalin

Litiu metal este extrem de reactiv si se combina cu aluminiu , pentru a forma de joasă densitate , aliaj structural puternic utilizat la aeronave □i nave spa□iale . De asemenea, este folosit ca un terminal pozitiv sau anod în baterii mici, utilizate în camere ,

stimulatoare cardiace i calculatoare . Hidroxid de litiu este un foarte eficient de aer purificator . Se absoarbe CO_2 din aer pentru a forma carbonat de litiu . Litiu are cea mai mare capacitate termică de orice element . Această proprietate îl face ideal pentru materiale de transfer de căldură i acesta este utilizat în reactoare nucleare experimentale pentru a absorbi caldura produsa de fisiunea de uraniu .
In medicina carbonat de litiu i citrat de litiu sunt cunoscute ca stabilizatori de dispozi ie foarte eficiente în boala maniaco-depresive .

beriliu
Numărul atomic : 4
Chimic Simbol : Be
Grupa IIA - alcaline Pământului Metale

În forma sa pură , Beriliu este o lumină , destul de greu , din metal de culoare gri - alb . La fel ca toate metalele care alcătuiescgrupul alcalino-pământos , este mult prea reactiv chimic pentru a fi găsit în stare liberă . Depozite de beriliu minerale sunt distribuite peste Brazilia , Argentina , i Statele Unite ale Americii . Cristale de beriliu sunt cunoscute pentru aspectul lor rafinat . Atât smarald i acvamarin sunt în mod natural forme pretioase ale acestui mineral . Beriliu a jucat un rol -cheie în descoperirea neutronului în 1932 i rămâne util în cercetările pe nucleele atomice .

BOR
Numărul atomic : 5
Chimic Simbol : B
Grupa III A

Borul este un element greu , fragil , non- metalic . De obicei, este legat cu oxigen , apă i sodiu într -un compus numit borax , care este utilizat ca agent de cură are i de dedurizare a apei . Când apa este dedurizată ,magneziul i calciul sunt înlocuite cu relativ inofensiv sodiu i potasiu . Un alt compus de bor este boric ACED folosit industrial pentru a face Pyrex , o sticlă rezistentă la căldură special utilizat în bucătării . " Bare " de bor sunt cruciale în utilizarea de reactoare nucleare . Ele pot fi reduse într-un reactor pentru a absorbi neutroni controlează astfel puterea produsă dereactor .

CARBON
Numărul atomic : 6
Simbolul chimic : C
Grupa IV A

Carbon reprezintă doar 0,09 % din scoar a terestră de masă , dar acesta este elementul cel mai esen ial pentru via a pe planeta noastră . Carbon datorează pozi ia sa centrală în lumea organică acapacită ii de atomi sale pentru a face legătura cu al i atomi de carbon , pentru a forma lan uri lungi care sunt fie liniară sau ramificată . Un astfel de molecule de mult legat în ADN-ul a găsit în materialul genetic din toate creaturile vii . Elemente pot exista în mai multe forme naturale numite alotropi . Carbon se găse☐te în formele alotropice de grafit , cărbune ☐i cel mai spectaculos de diamant .

AZOT
Numărul atomic : 7
Simbolul chimic : N
Grupa V A

Azot este lipsită de orice proprietate stimulare sens ☐i noi suntem în mod constant respira☐ie în cantită☐i mari, cum ne inspirăm aerul . Acesta domină gazele din atmosfera Pământului a face ni☐te 78 % din volum . Forme de azot sute de mii de compusi care sunt cruciale pentru agricultură ☐i industrie cel mai important de care este amoniac . În formă gazoasă , azotul este folosit adesea în situa☐ii în care este important să păstra☐i alte gaze atmosferice , mai reactive departe . De exemplu , pentru a preveni oxidarea vinului , sticle de vin sunt adesea umplute cu azot dupădopul este scos .

OXIGEN
Numărul atomic : 8
Simbolul chimic : O
Grupa VI A

Oxigen există în atmosfera în apă , ☐i în scoar☐a pământului într- o varietate enormă de roci ☐i minerale . Este esen☐ial pentru via☐ă ☐i o parte din fiecare moleculă biologic în corpurile noastre . De☐i multe procese naturale consuma oxigen , aceasta este în mod constant alimentată de fotosinteză la plante , astfel, continuu consumate ☐i continuu produse . Chimistul englez Joseph Priestley este creditat cu descoperirea de oxigen . El a încălzit un oxid de mercur ☐i a men☐ionat că gazul a dat pe cauzat lumânarea să ardă cu o flacără extrem de genial . Gazul a fost de oxigen !

FLUORULUI
Numărul atomic : 9
Simbolul chimic : F

Grupa VII A-halogeni
Fluorul este cel mai mic , mai u☐or ☐i mai halogen reactiv . Toate atomi din acest grup se combină u☐or cu metale pentru a forma săruri . În multe păr☐i ale lumii fluorura de sodiu este adăugată la aprovizionarea cu apă a popula☐iei . Cercetările au arătat că mici cantită☐i de fluor poate întârzia dezvoltarea cariilor in dinti . În prezen☐ă de hidrogen , fluor arde cu for☐a explozivă producătoare de acid fluorhidric care la dizolvarea în apă, formează acid fluorhidric . Este extrem de periculos . Cu toate acestea , este utilizat pentru a dizolva sticlă ☐i este folosit pentru a grava proiectare pe obiecte din sticlă .

NEON
Numär atomic : 10
Simbolul chimic : Ne
Grupa VIII - A gazele nobile

Neon ca toate gazele nobile este monoatomic . Semne de neon familiare în magazinului
□i restaurant ferestre con□in gaz neon care luminează atunci când este alimentat de o
descărcare electrică . Atunci când se întâmplă acest lucru , atomi de neon din gazul
emite radia□ii sub formă de lumină ro□ie - portocalie . Gaze diferite sunt utilizate pentru
a produce semne de diferite colurs . Fiecare gaz atunci când excitat radiaza propria
culoare caracteristică . Neon comercial este produsă în instala□ii de aer de lichefiere .
Deoarece neon are un punct de fierbere de -229 grade Celsius , rămâne ca reziduu
după azotul □i oxigenul mai volatile au fiert off!

SODIUM
Numär atomic : 11
Simbolul chimic : Na
Grupa IA - The alcaline Metale

De sodiu este o lumina de metal argintiu stralucitor extrem de reactive suficient să
plutească pe apă □i suficient de moale pentru a fi tăiat cu cu□itul . Este o parte a multor
compusi importante care se găsesc distribuite pe scară largă pe întreg pământul .
Clorură de sodiu , denumirea chimică de sare de masă este minat în cantită□i uria□e
de zăcăminte de sare naturale . Bicarbonat de sodiu, cunoscut sub numele de
bicarbonat de sodiu este utilizat pentru a face cre□tere produse de patiserie atunci când
este încălzit sau produse de patiserie cre□tere aluat atunci când copt . De asemenea,
este utilizat pentru a neutraliza aciditatea excesivă de stomac □i ca un agent în
extinctoarele .

MAGNESIUM
Numar atomic : 12
Simbolul chimic : Mg
Grupa II A - alcaline Pământului Metale

Magneziul este prezent în cantită□i mari în apa de mare ca oceanele lumii contin o
sursa aproape nelimitata de materialul dizolvat . Mare avantaj este faptul că este foarte
u□or , care , de asemenea, îl face ideal pentru fabricarea de automobile □i de aeronave
piese de schimb, scule electrice , carcase masina de tuns iarba □i biciclete de curse .
Magneziul este de asemenea important pentru nutri□ie adecvată la om , deoarece este
esen□ial pentru buna func□ionare a mai multor enzime . De asemenea, joacă un rol
crucial în make- up de clorofile verzi prezente în toate celulele de plante verzi .

ALUMINIU
Număr atomic : 13
Simbolul chimic : Al
Grupa III A

De obicei găsite în natură combinat cu oxigen , aluminiu este metalul cel mai abundent
în scoar□a terestră . Este u□or □i bun conductor de electricitate , două proprietă□i care
îl fac un ingredient ideal pentru o gamă largă de produse fac . Este un excelent reflector
de radia□ii □i este utilizat pentru diferite tipuri de antene , reflectoare de căldură , □i
oglinzi solare . Dincolo de aceste alte proprietati , aluminiul este destul de reactiv . Se
formează un strat de oxid care se împiedică reac□iile ulterioare cumediul , astfel încât
de obicei este rezistent la coroziune . De aluminiu este , de asemenea, non- toxic ,
inodor □i insipid .

SILICON
Număr atomic : 14
Chimic Simbol : Si
Grupa IV A

Compu□i de siliciu legat chimic de oxigen face cea mai mare parte a pământului nisip ,
piatră □i pământ . Astăzi, siliciu constituie baza industriei microelectronica . Utilizarea
de cipuri de siliciu în circuite imprimate a făcut posibilă camerascădere de dimensiuni
calculatoare în cele care se pot odihni în poală . Cel mai important compusul de siliciu
este de siliciu care există în două forme , cuar□ □i silex . Pietre mici si pietre semi-
pretioase sunt cristale de cuar□ cu impurită□i colorate . Silicea este utilizată în
produc□ia de sticlă . Ceramica □i siliconii sunt alte clase importante de compu□i pe
bază de siliciu .

FOSFOR
Număr atomic : 15
Simbolul chimic : P
Grupa VA

Fosfor a fost descoperit de către medic Hennig Brand în 1669 . El a distilat reziduul de
la fiert în jos urină □i a ob□inut ceva care străluceau în întuneric □i a izbucnit în flăcări
în aer cald . Fosfor □i emisie de lumina sunt încă legate de fenomenul cunoscut sub
numele de fosforescen□ă . Zinc sulfurat este un material fosforescent care emite
scintillations de lumină atunci când lovit de electroni în mi□care rapidă . Acest efect
asuprastratului de tub de televiziune produceimaginea TV . Aproape toate fosfor
utilizate comercial este de a face acid fosforic . Utilizare principal al acesteia este în
produc□ia de îngră□ăminte , sol fără fosfor este stearpă . De obicei găsite în două
forme de exemplu, ro□ii □i galbene , prima este folosit pentru a face meciuri de
siguran□ă .

SULF
Număr atomic : 16
Simbolul chimic : S
Grupa VI A

Sulful este un nemetal reactiv găseşte în natură , atât în starea sa elementară liberă şi sub formă de minereuri şi minerale larg răspândite . Unele minerale comune de sulf sunt gips exemplu sulfat de calciu şi de pirită de multe ori cunoscut sub numele de " Aurul nebunilor " . În plus faţă de importanţa lor în a face îngrăşăminte artificiale , conservarea alimentelor , albirea textile şi metale de curăţare , de compuşi de sulf au sute de alte utilizări în recuperarea metalelor din minereuri , ceea ce face din cauciuc , detergenti , vopsele şi coloranţi , şi fibre sintetice . Într-adevăr, nivelul unei naţiuni de dezvoltare industrială este determinată de consumul pe cap de locuitor de sulf .

CLOR
Număr atomic : 17
Simbolul chimic : Cl
Grupa VII A-halogeni

Clorul este un gaz diatomic gălbui verde otrăvitor . Inhalarea chiar şi o cantitate mică poate provoca leziuni grave pulmonare . Toxicitatea contine clor ea un dezinfectant excelent pentru piscine şi rezervele de apă face . Un compus important al clorului este clorura de hidrogen , un gaz care se dizolvă în apă pentru a produce acid clorhidric . Acidul clorhidric este prezent însucul gastric din stomac acolo unde este nevoie pentru a activa digestia proteinelor enzime . Cantităţi mari de clor au fost utilizate pentru producerea de insecticide . Mulţi au fost interzise recent ca acestea sunt considerate drept poluanţi de mediu .

ARGON
Număr atomic : 18
Simbolul chimic : Ar
Grupa VIII - A gazele nobile

În 1894 , argon a devenit primul gaz nobil să fie descoperite . Aplicaţiile sale comerciale, face uz de lipsa de reactivitate . Argon este produs de degradare al unei importante de radio - izotopi de utilizat pentru intalniri probe de roci , tehnica de potasiu - 40.The este numit - potasiu argon dating. Potasiul are un timp de înjumătăţire neobişnuit de lungă de 1.25 miliarde ani şi este prezent în mai multe pietre . Când potasiu 40 se dezintegrează , ea se transformă în argon . In consecinta, se poate determina vârsta de o stâncă de a determina cât de mult argon este prezent . Cele mai vechi roci de pe pământ au fost determinate prin această metodă la fel de 3.8 miliarde ani vechime.

POTASSIUM
Număr atomic : 19
Chimic Simbol : K
Grupa IA The alcaline Metale

Potasiul este extrem de reactiv , prin urmare, nu se găse□te în stare liberă în natură .
Se găse□te în apă de mare , de□i în cantită□i mai mici decât sodiu , echivalentul său
chimic . Potasiul este esen□ial pentru cre□terea plantelor atât de mult de potasiu din
minerale dizolvate este preluat de către plante , înainte de a ajunge la mare . Un izotop
natural de potasiu este potssium - 40.Human corp con□ine 140 de grame de potasiu .
Având în vedere abunden□a de potasiu 40 este de 0,012 la sută , suntem cu to□ii
par□ial alcătuite din acest izotop reactiv . Este o contributie majora la doza noastră
via□ă de radia□ie

CALCIU
Număr atomic : 20
Chimic Simbol : Ca
Grupa II - A Cele alcaline Pământului Metale

Calciul este un ingredient important pentru o gamă largă de organisme vii . Din□i □i
oase umane contin calciu □i organe marine construi cochilii lor de carbonat de calciu .
Lime , un compus de calciu este un produs chimic industrial esen□ial . Una dintre
utilizările sale timpurii a fost în iluminat teatral . Când varul este încălzit la o temperatură
ridicată , se emite o lumină alb-albăstruie intens . Acesta a fost folosit la începutul
secolului al 19-lea pentru a ilumina actori care dau na□tere la expresia " în lumina
reflectoarelor . " Probabil cel mai important utilizarea moderne de var este în produc□ia
de fier din minereuri sale .

scandiu
Număr atomic : 21
Chimic Simbol : Sc
Grupa III B primul rând de tranzi□ie Element

Scandiu conduce primele elemente rând de tranzi□ie . Toate sunt metale destul de
redusa , iar multe sunt extrem de periculoase . Scandiu este un metal greutate foarte
u□or, cu un punct de topire destul de ridicat □i prezintă o bună rezisten□ă la coroziune .
Aceste proprietă□i au făcut de mare interes pentru industria aerospa□ială pentru
construirea unei aeronave . Scandiu formează câteva compu□i utili . De metal în sine
□i-a găsit o utilizare în dispozitive electronice, cum ar fi lămpile de intensitate mare ,
care produc lumină cu o valoare de culoare apropiată de cea de lumina naturala . Lămpi
de acest tip sunt adesea folosite pentru a ilumina stadioane de fotbal .

TITANIUM
Număr atomic : 22
Simbolul chimic : Ti
Grupa IV B primul rând Element de tranzi ie

Titan în stare pură este un metal care este u or de a lucra i destul de ductil sau capabile de a fi trase în fire . În ciuda greută ii sale de lumină , aceasta este neobi nuit de puternic i practic imun la tipurile obi nuite de oboseala de metal . Ea are, de asemenea, o rezisten ă extraordinară la coroziune , astfel încât acesta are fiecare proprietate necesare pentru a face un material ideal pentru motoare cu reac ie i rachete face . Cel mai important compus este dioxid de titan o substan ă cu intensa culoare alb strălucitor , care este folosit ca un pigment pentru vopsele , hartie si plastic .

VANADIU
Număr atomic : 23
Simbolul chimic : V
Grupa VB primul rând de tranzi ie Element

Vanadiu este un metal stralucitor luminos , care este destul de moale i extrem de rezistent la coroziune . Un profesor mexican de mineralogie i anume Andres Manuel del Rio descoperit vanadiu în 1801 . Mai târziu a fost numit dupa zeita Vanadis scandinav , din cauza multor compu i frumos colorate . Aproximativ 80 % dinvanadiu produsă în SUA merge înfabricarea o elului .

CROM
Numărul de aton : 24
Chimic Simbol : Cr
Grupa VI B primul rând de tranzi ie Element

Crom a fost numit de la cuvântul grecesc " chroma " înseamnă culoare . Culoarea frumoasă de multe pietre pre ioase - ro u de rubine , verde caracteristică a smaralde - se datorită prezen ei de cantită i urme de crom . Metalul este de obicei extras din cromit , un oxid de crom , care este cea mai importantă minereu . Atunci când sunt expuse la aer , crom formează un oxid invizibil care o face extrem de rezistente la coroziune i foarte util , atât ca un strat decorativ i de protec ie fa ă de alte metale , cum ar fi alama , bronz i o el . Cromul este de asemenea utilizat pentru a produce o el inoxidabil .

MANGAN
Număr atomic : 25
Simbolul chimic : Mn
Grupa VII B primul rând de tranzi ie Element

Manganul este un metal greu de culoare gri - alb, care arată ca □i are multe proprietă□i similare cu fier . Adăugarea de mangan la o□el face este neobi□nuit de greu □i rezistent la □ocuri . O astfel de o□el este ideal pentru utilizarea în butoaie pu□ că , safeuri bancare , cale ferată , precum □i echipamente pentru terasamente . Manganul adaugă, de asemenea duritate , rezisten□ă □i rezisten□a la corozione a aliajelor de aluminiu □i magneziu . Permanganatul de potasiu compus are o culoare violacee , care este uneori văzut în sticlă antic . De□i producătorii de sticlă nu mai folosesc mangan , capacitatea sa de a colora obiecte este folosit pentru a lumina ceramică □i olărit .

IRON
Număr atomic : 26
Simbolul chimic : Fe
Grupa VIII B primul rând de tranzi□ie Element

De fier este , probabil, cel mai frecvent de metal în societatea umană . Dacă suntem folosind o □urubelni□ă sau de echitatie o ma□ină sau un tren , importan□a □i utilitatea de fier ca un material structural este de la sine evident . Interiorulpământului cunoscut sub numele de bază este format din fier topit . Capacitatea de a rafina metalul a servit ca un reper major în dezvoltarea umană cunoscută sub numele de epoca fierului (1000 î.Hr.) . Sa descoperire duce la unelte □i arme care au fost mai greu □i mai durabile decât cele din epoca bronzului . Astăzi, mai mult de 90 % din toate metalele rafinate este de fier .

COBALT
Număr atomic : 27
Simbolul chimic : Co
Grupa VIII B primul rând de tranzi□ie Element

Un minereu majoră de cobalt este cobaltit . Metalul pur se ob□ine prin prăjirea acest minereu . Numele cobaltul vine de la " Kobold " germană care se referă la un duh rău . Minerii de multe ori a spus că accidentele care au loc în minte au fost cauzate de " Kobold " . Cobaltul este adăugat la o□el pentru a îmbunătă□i rezisten□a sa la corozione . Când cobalt este amestecat cu tungsten □i cupru , aceasta face stelit , un metal care păstrează duritatea sa , la temperaturi ridicate , fiind ideal pentru exerci□ii de mare viteză □i instrumente de tăiere . Cum ar fi cobalt de fier este u□or magnetizat . Substan□a magnetic puternic cunoscut ca alnico este un aliaj de cobalt , aluminiu □i nichel .

NICKEL
Număr atomic : 28
Simbolul chimic : Ni
Grupa VIII B primul rând de tranzi□ie Element

Nichel este frecvent adăugat la alte metale , cum ar fi fier și oțel , pentru a forma aliaje rezistente la oxidare . Nicrom de metal folosit pentru a face elementele de încălzire din prăjitoare de pâine și cuptoare electrice este un aliaj de crom și nichel . Mare rezistenta electrica de nicrom combinată cu punctul de topire înaltă, un material foarte eficient pentru a converti energia electrică la căldură face . O utilizare importantă a metalului este în baterii nichel-cadmiu . Aceasta baterie reincarcabila este ceea ce o face deosebit de util în calculatoare , calculatoare și aparate de ras electrice fără fir .

CUPRU
Număr atomic : 29
Simbolul chimic : Cu
Grupa IB primul rând de tranziție Element

O utilizare familiar de apă este în conductele care transporta apa în bucătărie . Pentru ca de cupru este una dintre cele mai bune dirijori de energie electrică , fire de cupru sunt utilizate pe scară largă pentru a transmite energie electrică de la centralele electrice la case , birouri , fabrici și alte clădiri și de la prizele de perete pentru aparatele electrice . Cupru a fost o dată folosit pentru a face butoane pentru jachete uniforme de poliiști , prin urmare," de cupru ", colocvial pentru poliie . Alamă , un aliaj de cupru și zinc are o mare varietate de utilizări de la hardware la zinc .

ZINC
Număr atomic : 30
Simbolul chimic : Zn
Grupa I B primul rând de tranziție Element

În stare pură , zinc este un fragil metal dur , , argintiu . Este destul de rezistent la coroziune și rapid formează un strat de oxid de tare că îl împiedică să reacioneze mai departe cu aerul . În procesul numit galvanizare , un strat de zinc este acoperit peste oel pentru a preveni coroziunea . Metalul are multe alte utilizări . Una dintre cele mai importante este în baterie de celule uscate comun . Din 1981 de zinc a servit ca metalul ef în penny SUA . Zincul este , de asemenea, combinat cu cupru pentru a forma alamă .

galiu
Număr atomic : 31
Simbolul chimic : Ga
Grupa III A Mesaj metal de tranzitie

Galiu este un metal foarte moale, cu un punct de topire scăzut și un punct de fierbere ridicat extrem de 2403 grade Celsius . Gama de temperaturi la care este galiu lichid este cea mai mare din orice metal cunoscut . Acest lucru îl face util pentru termometre speciale de grad înalt . Până s-au cunoscut de curând câteva aplica☐ii practice de galiu . Acest lucru sa schimbat rapid, cu descoperirea de galiu ☐i care ar putea func☐iona ca o diodă laser ☐i de a converti energia electrică direct în lumina laser . Diode emi☐ătoare de lumină sunt utilizate într-o varietate de ceasuri de mână ☐i jucători autodisc .

GERMANIU
Număr atomic : 32
Simbolul chimic : Ge
Grupa IV A metaloid

Germaniu este un gri închis element de solid relativ rare . Niciodată nu se găse☐te în formă pură în natură, dar combinat cu oxigen . Germaniu este numit un semi- conductor . Adăugarea de cantită☐i mici de impurită☐i creste foarte mult capacitatea sa de a efectua de energie electrică . Germaniu " dopat " este folosit pentru a face tranzistori care se află în centrul de solid industriei electronice de stat . Doping cu zeci de mii de tranzistori poate fi acum formată pe un cip germaniu mic, care de fapt devine un mic computer . Astfel de materiale au făcut posibilă revolu☐ia în electronică miniaturizare .

ARSENIC
Număr atomic : 33
Simbolul chimic : Ca
Grupa VA metaloid

Arsenicul este un solid la temperatura camerei cristalin casant . Sub formă de oxid arsenos este o otravă bine cunoscut . Acesta este utilizat ca un ierbicid si insecticid . Arsenic ca otravă a capturat imaginatia multor unui scriitor crimă . Înainte de recentele progrese in tehnici medico-legale , a fost imposibil pentru a detecta în corpul victimei . De☐i o otravă , compu☐i ai arsenicului au fost folosite în scopuri medicinale , de asemenea , cel mai cunoscut fiind '606 ' conceput de Paul Ehrlich ca un remediu pentru sifilis .

SELENIUM
Număr atomic : 34
Simbolul chimic : Se
Grupa VI A metaloid

Minerale purtatoare de seleniu sunt prea pu☐ine pentru a fi exploatate în mod profitabil . Deoarece metaloid este identificat în cadrul întreprinderii de cupru ☐i sulf , aproape toate seleniu este recuperat ca un pa - produs de rafinare cuprului ☐i fabricarea de acid sulfuric . Seleniu există în două forme -ro☐u ☐i gri . Seleniu gri este un fotoconductor ceea ce înseamnă că , de☐i un slab conductor de electricitate de obicei , devine ☐i dirijor excelent în prezen☐a luminii . Acest lucru face ca seleniu valoros ca un senzor de lumină în robotică ☐i de metri de lumină .

BROM
Număr atomic : 35
Simbolul chimic : Br
Grupa VII Ahalogeni

Bromul este un lichid ro iatic , cu un miros acru . Numele său este derivat din bromos grece ti care înseamnă duhoare . Brom pot fi găsite în apa de mare , mine de sare subterane , i saramură fântâni adânci . O utilizare importantă de brom este în producerea unui aditiv benzina numit etilen dibromură . Acest compus elimină aditivii plumb după arderea benzinei prevenind formarea depunerilor de plumb . Bromul este extrem de toxic i arde pielea . Mai mult decât atât vaporii sale nocive pot deteriora nas i gât .

KRYPTON
Număr atomic : 36
Simbolul chimic : Kr
Grupa VIII A gazele nobile

În 1933, Linus Pauling a contestat ideea că gazele nobile au fost chimic inert . Existen a a compus el a prezis de kripton i fluor a fost confirmat în 1966 . Krypton este un gust incolor gaz inodor , , complet inofensiv . Utilizarea sa principală este în lumini " neon ", care sunt o parte a peisajului modern. Când sigilate într-un tub de sticlă i supus la descărcări electrice , krypton produce o culoare violet pal utilizate pentru luminile de pistă la aeroport i de apropiere . Krypton este , de asemenea, utilizat în amestec cu xenon la intensitate mare , de scurtă expunere becuri blitz fotografice sau lumini stroboscopice .

rubidiu
Număr atomic : 37
Simbolul chimic : Rb
Grupa IA The alcaline Metale

Rubidiu este un metal argintiu , foarte moale, foarte reactive , care arde spontan atunci când sunt expuse la aer . De asemenea, reac ionează violent cu apa sa dea cantită i mari de hidrogen , care imediat izbucne te în flăcări din cauza căldurii generate de reac ia . Rubidiu este mult prea reactive să existe metal ca pur în natură i câteva minerale purtătoare de rubidiu sunt cunoscute . Rubidiu are prea pu in de valoare comercială . Metalul a fost descoperit în 1861 de către chimi ti germani Robert Bunsen i Gustav Kirchoff . Ei au identificat de linii spectrale ca o impuritate printre multe metale alcaline au fost de instrumentare .

STRON□IULUI
Număr atomic : 38
Simbolul chimic : Sr
Grupa IIa alcaline Pământului Metale

Stron□iu are prea pu□in de uz comercial □i compu□ii săi s-au găsit doar o aplicare limitată în industrie . Începând cu săruri de stron□iu , cum ar fi carbonatul de stron□iu emite o culoare ro□ie caracteristică , atunci când arde , ele sunt utilizate în rachete de semnalizare de avertizare autostrada □i în focuri de artificii . Unul dintre izotopii de stron□iu , Sr - 90 este un produs secundar al radioactiv explozii nucleare □i pot contamina suprafe□e mari de mediu prin emana□ii din atmosferă . Deoarece stron□iu 90 este produs ori de câte ori uraniu suferă de fisiune , operatorii de reactoare nucleare trebuie să fie constant în gardă pentru a împiedica eliberarea sa accidentală în mediu .

ytriu
Număr atomic : 39
Simbolul chimic : Y
Grupa III B Element de tranzi□ie

Ytriu se găse□te în cantită□i mici în scoar□a terestră , dar pietrele aduse înapoi de la Luna a avut un con□inut nea□teptat de mare de ytriu . Atunci când temperatura lor este redus la doar câteva grade peste zero absolut , aproape toate metalele arată nici un fel de rezisten□ă electrică . Temperaturi extrem de scăzute sunt nepractice totu□i . În 1987 oamenii de □tiin□ă au anun□atdescoperirea unui compus de oxid de ytriu , cupru □i bariu , care a fost superconductoare la 93 de grade Kelvin . Alte amestecuri de acest element sunt investigate □i există optimism că unul dintre ei s-ar dovedi a fi o practică supraconductor la temperaturi ridicate .

ZIRCONIULUI
Număr atomic : 40
Simbolul chimic : Zr
Grupa IV B Element de tranzi□ie

Zirconiul este un metal puternic, durabil . Capacitatea sa de a rezista la temperaturi ridicate, un ingredient ideal pentru materiale rezistente la căldură , în nava face . Compusul cel mai bine cunoscut de zirconiu este zirconiului metalic . Acesta a fost cunoscut inca din antichitate □i chiar men□ionată în Biblie . S-au găsit într- o mare varietate de culori , atuncicristalul este tăiat □i lustruit este privit ca o bijuterie pre□ioasă semi . Zircon are un indice extrem de mare de refrac□ie . Din acest motiv , cristale incolore sale au o strălucire neobi□nuită □i sunt uneori folosite ca înlocuitori pentru diamante .

niobiu

Număr atomic : 41
Simbolul chimic : Nr
Grupa VB tranziție Element

Niobiu de metal a fost important în istoria de supraconductibilitate la temperaturi ridicate .
Un aliaj format din niobiu și germaniu are capacitatea de a rezista la curenti mari
permitconstruirea de magneti superconductori pentru instrumente , cum ar fi magnetică
nucleară
Scanere cu rezonanță utilizate în medicina de diagnostic . Niobiu este adăugat la oțel
pentru scopuri speciale . La temperaturi ridicate limitele între granulele mici care
alcătuiesc oțel inoxidabil slăbi și coroda mai usor decât restul oțelului . Adaosul de
niobiu împiedică acest lucru permițând oțel pentru a rezista la temperaturi mult mai
ridicate sub stres extrem .

MOLYBDENUM
Număr atomic : 42
Simbolul chimic : Mb
Grupa VI B Element de tranziție

Molibden este un metal argintiu dur . Depozite destul de mari de molibden se găsesc în
Colorado , SUA . Oțel cu conținut de molibden este foarte potrivit pentru aeronave și
motoare auto piese . Acesta este capabil să reziste la temperatura si presiune
modificările care au loc în mod constant într- un motor . Pentru acelasi motiv, este
folosit la fabricarea de arme și tunuri . Unul dintre izotopii radioactivi , molibden - 99
este utilizat în spitale pentru a genera - techneiu 99 , care este extrem de util pentru a
lua imagini ale organelor interne, după ce a fost luate pe plan intern .

techneiu
Număr atomic : 43
Simbolul chimic : Tc
Grupa VII B Element de tranziție

Techneiu a fost primul element care urmează să fie produsă în laborator de la un alt
element.Logically ea ia numele de la teknetos greceti care înseamnă artificial . Fiecare
izotop radioactiv este și se descompune pentru a forma un izotop al unui element diferit .
Astăzi reactoare nucleare produc una dintre izotopii cele mai utile de techneiu ,
techneiu - 99m . Atunci când în injectat în venele de un pacient , izotopul se va
concentra în anumite organe și radioactivitatea sa va expune o placă fotografică
dezvăluie modul în care aceste organe funcționează .

ruteniu
Număr atomic : 44

Simbolul chimic : Ru
Grupa VIII B Element de tranziție

Ruteniu este un element rar care este de obicei recuperat ca produs secundar din distilarea de minereuri de platina . În principal, ruteniu este folosit ca un catalizator pentru procesele industriale . Acesta a fost folosit ca un catalizator pentru obținerea hidrogenului direct divizarea moleculelor de apă și nu pe electrolysis.Rutheniumis de asemenea utilizate înafaceri cu bijuterii ca aditiv întărire a platină și este adesea adaugă la titan pentru a îmbunătăți rezistența sa la coroziune . Alte aliaje de ruteniu sunt utilizate în punctele stilou și contacte electrice speciale .

RHODIUM
Număr atomic : 45
Simbolul chimic : Rh
Grupa VIII B Element de tranziție

Rodiu este o , extrem de greu de metal gri argintiu rar . Acesta a fost descoperit de William Wollaston în 1803 . El a numit după Rhodon cuvântul grecesc pentru trandafir , deoarece multe dintre sărurile au culoare trandafir . Acesta este utilizat în convertoare catalitice de masini . Gazele de eșapament sunt o sursă majoră de poluare atmosferică . Convertorul catalitic este umplut cu margele catalitice mici care conțin platină , paladiu și rodiu care transformă gazele de eșapament fierbinți care trec prin ele in produse inofensive .

PALLADIUM
Număr atomic : 46
Simbolul chimic : Pd
Grupa VIII B Element de tranziție

Palladium este un metal alb -argintiu moale, care seamănă cu platina . Este extrem de maleabil și ductil . O aplicație interesantă de paladiu a apărut atunci când a fost determinată accidental că este util în tratarea cancerului prin inhibarea diviziunii celulare și a fost relativ lipsite de efecte secundare . Cu un timp de înjumătățire de numai 17 zile , izotopul palladium103 poate furniza doze puternice de radiatii pentru a distruge cancerul și apoi dispar după un pic mai mult de o lună .

SILVER
Număr atomic : 47
Simbolul chimic : Ag
Grupa IB tranziție Element (Monedele metalice)

De argint este una dintre puținele metale găsit în stare liberă în natură și simbolul său Ag vine de la Argentum cuvânt latin care înseamnă de argint . Acesta a fost un metal monedă din timpuri biblice , poate chiar mai devreme . Dintre toate metalele , de argint este cel mai bun conductor de căldură și electricitate . Acesta nu este folosit , de obicei, în cabluri de origine din cauza cheltuielilor , dar utilizate pe scară largă în fabricarea de echipamente electronice de înaltă calitate .

CADMIUM
Număr atomic : 48
Simbolul chimic : Cd
Grupa II B Element de tranzi ie

Cadmiul este prezent în cantită i mari de minereuri de zinc , care este considerat în general un produs de rafinare zinc . Utilizarea major almetalului este în galvanizare de o el pentru a preveni coroziunea . Acesta este utilizat mai pu in frecvent decât zincul , deoarece este mai pu in abundent i are o tendinta de a provoca probleme de sănătate . Capacitatea de cadmiu de a absorbi neutroni este de mare importan ă în proiectarea de bare de control ale reactorului nuclear . Cadmiul este , de asemenea, utilizat ca pigment ro u i galben în a face vopsea .

indiu
Număr atomic : 49
Simbolul chimic : În
Grupa III A Mesaj de metal de tranzi ie

Indiu este un metal alb, albastru rar suficient de moale pentru a lăsa urme de sine, atunci când frecat viguros împotriva altor metale . Indiu pur are câteva aplica ii comerciale i este utilizat în principal ca un aliaj cu alte metale . Aliaje de indiu i argint i indiu i de plumb sunt conductori mai mult decât argintul sau conduce singur . Ei au descoperit , de asemenea, utilizări în fabricarea de tranzistori i celule foto . Folii indiu sunt adesea inserate în reactoarele nucleare pentru a controlareac ia nucleară . Rata la care aceste folii devenit radioactiv serve te ca o măsură valoroasă a reac iilor care au loc .

TIN
Număr atomic : 50
Simbolul chimic : Sn
Grupa IV A Mesaj metal de tranzitie

Tin a fost printre primele metale folosite de fiin e umane . Bronz , un aliaj de cupru i staniu a fost folosit în Egipt în urmă cu mai mult de 5000 de ani. Astăzi, acesta este utilizat în principal ca un agent de aliere i pentru a face placa de staniu care este foi de otel acoperit cu un strat sub ire de cositor . Deoarece staniu protejează de o el de acizi alimentari , placă de cositor a fost folosit pentru a face cutii de conserve pentru alimente , dar a fost înlocuită în mare măsură de plastic i aluminiu . Acesta este unul dintre metalele maleabile mai cunoscute .

ANTIMONY
Număr atomic : 51
Simbolul chimic : Sb
Grupa VA metaloid

Antimoniu este un dur , casant , cristalin , gri , solid . De□i cunoscut ca metal , acesta
este un conductor foarte slab de electricitate . Minereul care serve□te ca sursă primară
estestibnite mineral . Un compus negru , a fost folosit în cele mai vechi timpuri pentru a
întuneca sprancene femei . O utilizare majoră pentru stibiu este meci de siguran□ă
comună . □eful cu Chibriturile con□ine un amestec de trisulfură de antimoniu □i un
agent de oxidare , cum ar fi clorat de potasiu . Antimoniu are alte câteva utilizări
comerciale . Ca un aliaj se poate cre□te duritatea multor metale .

telur
Număr atomic : 52
Simbolul chimic : Te
Grupa VI A metaloid

Telur este un metaloid alb-argintiu rare . Spre deosebire de metale tipice , este
sfărâmicios □i un slab conductor de electricitate . Telur este unul dintre pu□inele
elemente care combină cu aur . Compu□ii se forme sunt numite telururi de aur □i ele
alcătuiesc o componentă foarte importantă a minereurilor purtatoare de aur . Telur este
adesea recuperat ca produs în rafinament de aur □i , de asemenea, de cupru .
Utilizarea □ef de telur este ca aditiv pentru metale , cum ar fi cupru □i o□el inoxidabil
pentru a crea un aliaj care este mai u□or de prelucrat decâtmetalul ini□ial .

IOD
Număr atomic : 53
Simbolul chimic : I
Grupa VIIA halogenii

Iodul este un violet solid negru găsit în alge marine , fântâni saramură □i în mare . De□i
o otravă , unul dintre utilizările sale mai comune este ca o solu□ie antiseptică tinctură
de iod . Săruri de iod , se adaugă la sare de masă □i hrană pentru animale . Acest lucru
se face ca de iod este o componenta importanta a tiroxina hormon secretat de glanda
tiroidă □i ajută la asigurarea că func□iile glandei în mod corespunzător . Iodura de
argint are capacitatea de a forma numărul enorm de cristale ca la un milion de miliarde
de la un gram care ac□ionează ca nuclee pentru formarea picătură de ploaie .

XENON
Numărul atomic ; 54
Simbolul chimic : Xe

Grupa VIII A gazele nobile

Xenon există în atmosferă în doar urme . Ca și celelalte gaze nobile care există ca o moleculă monoatomic care nu are miros sau gust culoare . În 1962 , Neil Bartlett chimistul englez a făcut primul compus de gaz nobil . El a combinat xenon și hexafluorura de platină și de mult pentru a uimirea lui a obținut un compus solid , de culoare galben- portocaliu , care a constat din molecule de xenon , platinim și fluor . Până în prezent xenon și krypton sunt singurele gazele nobile cunoscute pentru a forma compu i . Ca si alte gaze nobile , xenon este folosit în tuburi cu descărcare electrică pentru a produce lumină .

CESIU
Număr atomic : 55
Simbolul chimic : Cs
Grupa IA The alcaline Metale

Cesiu pur este cel mai moale de metal cunoscut . Reactivitatea extremă a făcut -o utilă în eliminarea gazelor nedorite de la sisteme de vid , de exemplu, în interiorul unui tub de televiziune . Izotopul de cesiu - 133 serve te ca măsură oficială din lume de timp . Cea de a doua este măsurată în termeni de radia iile emise de cesiu 133 atom atunci când este entuziasmat de o sursă de energie externă , mai degrabă decât în termeni de rota ie a pământului în jurul soarelui , deoarece folosit pentru a fi . Cea de a doua este descris ca fiind timpul scurs de exact 9192531770 vibra ii ale radia iei emise de caesuim - 133 atom .

BARIU
Număr atomic : 56
Simbolul chimic : Ba
Grupa IIa alcaline Pământului Metale

Sub formă de sare solubilă , bariu este destul de toxic . Pe de altă parte în forme insolubile , este inofensiv pentru organismul uman . Radiologi utilizează sulfatul de bariu a examina tractul intestinal al unui pacient cu Xrays.Barium sulfat de asemenea, are un număr de alte utilizări pe baza solubilită ii sale reduse și de culoare albă . Acesta este utilizat ca un înălbitor pe plăci fotografice și ca umplutură pentru hârtie de scris , materiale plastice și fibre artificiale . De metal de bariu are câteva aplica ii comerciale, din cauza disponibilitatea de a reac iona cu oxigen si umiditate .

lantan
Număr atomic : 57
Simbolul chimic : La
Grupa III B Rare Pământ Element (Lantanide)

Lantan este primul din seria de rare elementul pământ . Este comun pentru a găsi mai multe elemente rare amestecate împreună într-un singur mineral . Probabil cel mai important utilizarea compu ilor lantanide este în fabricarea electrozilor pentru lămpile cu arc de mare intensitate de carbon utilizate în fare , iluminat de studio i proiectoare de film . Lantan i izotopi sale se regăsesc în fragmentele care sunt produse atunci când fisiuni de uraniu . Acesta a fost descoperirea de izotopi de lantan , precum i cele de bariu de chimistul german Otto Hahn , care în cele din urmă duce la ideea de fisiune nucleară .

ceriu
Număr atomic : 58
Simbolul chimic : Ce
Grupa III B pământuri rare Elemente (Lantanide)

Ceriu a fost numit după asteroidul Ceres a cărei descoperire , în 1801, a provocat o mare emo ie în lumea tiin ifică . Forma metalica pura de ceriu nu a fost pregătit până în 1875 . Acesta este un metal gri de fier , care este destul de maleabil i ductil . Compu i ai ceriului cum ar fi cele de lantan sunt utilizate în scop comercial pentru a forma electrozilor ale lămpilor cu arc de carbon de înaltă intensitate . Calitate de ceriu oxid este folosit ca aditiv la pere ii cuptoare care se curata unde pare să prevină acumularea de reziduuri de gătit .

praseodim
Număr atomic : 59
Simbolul chimic : Pr
Grupa III B pământuri rare Elemente (Lantanide)

Acesta a fost descoperit de către Carl Auer von Welsbach , un baron austriac , care a avut un interes în mineralogie . Metalul pur este izolat din minereurile sale prin procedeu cu schimb de ioni . Un proces de schimb este utilizat pentru a izola un tip de ioni prin substituirea cu un alt . Într-un astfel de procesingredientul activ este o ră ină format din molecule mari, care au o structură în formă de re ea . Ră ina con ine ioni mobile vag conectate la net . Atunci când o solu ie care con ine ionii celelalte este trecut prin ră ină , pe care le înlocuiesc ionii mobile care apoi difuzează al acestuia .

neodim
Număr atomic : 60
Simbolul chimic : Nd
Grupa III A pământuri rare Elemente (Lantanide)

Este o substan ă magnetic folosit pentru a crea unele dintre cele mai puternice magne i din lume . De SuperMagne i sunt cunoscute sub numele de magne i peni ă ca ele contin fier i bor ca well.They sunt atât de puternice încât doi magne i mici, cu presa la fiecare parte din mâna cuiva , fără a cădea . Un magnet Nd cu doar jumătate inch diametru este suficient de puternic pentru a răspunde la materiale magnetice cu cerneală de imprimare folosite în bani de hârtie □i poate fi utilizat pentru a detecta contrafăcute . Acesta este , de asemenea, utilizat în roz ochelari !

prometiu
Număr atomic : 61
Simbolul chimic : Pm
Grupa III B pământuri rare Elemente (Lantanide)

Nici urmă de prometiu a fost găsit pe scoar □a Pământului , dar a fost identificat în spectrul de mai multe stele din galaxia Andromeda . Acesta este un element rar sintetic făcut în acceleratoare nucleare □i reactoare nucleare . Când neodim este supus laradia □ii intense de neutroni prezent într- un reactor , aceasta este convertită în prometiu . 28 izotopi aielementului au fost până acum sintetizate toate fiind radioactiv . Foarte putin se stie de proprietă□ile chimice □i fizice ale prometiu pur .

samariu
Număr atomic : 62
Simbol chimic ; Sm
Grupa III B Rare Pământ Element (Lantanide)

Principalele minereuri de samariu sunt bastnasite □i monazit . Minereuri monazit care con□in de multe ori la fel de mult ca 50 % din greutatea lor în pământurile rare sunt găsite în nisipuri râu din India □i Brazilia □i în Florida plajă sand.In forma samariu sa pură are un luciu alb - argintiu □i este destul de rezistent la oxidare . Cu toate acesteametal va aprinde spontan la temperaturi scăzute . Unii compu□ i ai acestui element sunt utilizate pentru a fabrica magne□i permanen□i . Oxid de samariu este un absorbant excelent al radia□iilor infraro□ii □i se adaugă în acest scop la diferite tipuri de sticlă □i fosfor sensibil infraro□u .

europiu
Număr atomic : 63
Simbol chimic ; Eu
Grupa III B Rare Pământ Element (Lantanide)

Europiu este unul dintre cele mai rare de metale de pământuri rare . În 1901 chimistul francez Eugene - Anatole Demarcay izolat în cele din urmă o impuritate într- un e□antion de samariu - gadoliniu a fost studiat □i identificat impuritate ca un element nou . Europiu pur este destul de moale □i alb argintiu . Este destul de ductile □i una dintre cele mai reactive de metale de pământuri rare . Oxid de europiu este folosit destul de larg ca un aditiv pentru a îmbunătă□i eficien□a de fosfor ro□u în televiziune

□i monitoare de calculator . Acesta este , de asemenea, folosit pentru a cre□te eficien□a energetică a lămpilor fluorescente .

gadoliniu
Număr atomic : 64
Simbolul chimic : Gd
Grupa III pământuri rare Element (Lantanide)

Doi izotopi de gadoliniu sunt printre cei mai puternici absorban□i de neutroni . De□i limitele deficitului de utilizat, acestea sunt utilizate în a face tije de control pentru reactoare nucleare . Acesta este sensul feromagnetic , care este foarte puternic atras de magne□i . Totu□i punctul Curie ,temperatura la care materialul magnetic î□i pierde proprietă□ile magnetice este de aproximativ temperatura camerei . Aceasta a fost dovedit de valoare într-o tehnică de sondareinteriorul metalelor numite neutroni radiografie . Acesta este utilizat în industria de construc□ii de nave aeriene □i de a căuta pentru vicii ascunse □i slăbiciunile structurale din corpuri □i fuzelaje .

terbiu
Număr atomic : 65
Simbolul chimic : Tb
Grupa III B Rare Pământ Element (Lantanide)

Într-o formă metalică pură , terbiu este un alb-argintiu , maleabil , ductil □i suficient de moale pentru a fi tăiat cu un cu□it . Ea poartă o asemănare de a conduce , dar este mult mai greu . Ca de plumb este destul de rezistent la coroziune . Compu□ii cu terbiu au fonduri utilizări în lasere speciale, □i la fel de fosfor care produc culoarea verde în tuburi de televiziune □i monitoare de calculator . Alte aplica□ii includ produc□ia de aliaje cu proprietati magnetice speciale pentru utilizare în compact discuri □i în fabricarea de înaltă defini□ie ecrane X-ray .

disprosiul
Număr atomic : 66
Simbolul chimic : Dy
Grupa III B Rare Pământ Element (Lantanide)

Disprosiul pe locul al nouălea în abunden□ă printre elementele de pământuri rare din scoar□a terestră . Acesta a fost descoperit în 1886 de către chimistul francez Paul - Emile Lecoq de Boisbaudran într- un e□antion de oxid de erbiu . El a bazat numele său pe dysprositos cuvântul grecesc care înseamnă greu pentru a ajunge la . Disprosiu pur nu a fost disponibil până în 1950, când tehnici chimice moderne , cum ar fi separare prin schimb de ioni au fost dezvoltate . Disprosiul seamănă cu cele mai multe alte metale de pământuri rare . Este suficient de moale pentru a fi tăiat cu un cu□it , are o culoare argintie strălucitoare □i este relativ stabilă în aer .

holmium
Număr atomic : 67
Simbolul chimic : Ho
Grupa III B Rare Pământ Element (Lantanide)

În 1878 , doi oameni de stiinta elvetieni observat linii spectrale caracteristice holmium ,
dar nu le-ar putea identifica . Ei au numit sursa necunoscută a liniilor spectrale
elementul X. La scurt timp după aceea , în 1879, chimistul suedez Per Teodor Cleve
izolat i identificat elementul în timp ce lucrează cu un mineral numit erbia . Holmium
metalic pur , care nu a fost disponibil până destul de recent, are o culoare argintie
strălucitoare . Este destul de rezistent la coroziune în aer uscat , dar pătează repede în
aer umed formând un oxid gălbui . Altele decât utilizarea sa ca o culoare de sticlă , are
câteva aplica ii comerciale .

Erbium
Număr atomic : 68
Simbolul chimic : Er
Grupa III B pământuri rare Element

Erbium a fost descoperit de către Carl Gustaf Mosander într- un oxid galben care a
izolat de ytriu mineral . Mosander numit elementul de satul suedez a Ytterby site-ul de
concentratii mari de oxid de ytriu i erbiu . Principalele surse de erbiu sunt xenotimul
minerale i euxerite . Erbiu , precum i alte elemente de pământuri rare este de fapt o
impuritate în aceste minereuri . Aplica iile comerciale ale Erbium sunt destul de limitate .
Oxizi sale sunt adesea adaugă la glazuri sticlă i email la culoarea lor roz . Sticla este
adesea folosit pentru ochelari de soare i bijuterii ieftin .

thulium
Număr atomic : 69
Simbolul chimic : Tm
Grupa IIIB pământuri rare Element (Lantanide)

Tuliu este un element de pământuri rare , care este extrem de rare . Ea apare în
cantită i foarte mici în compania altor pământuri rare . Chimistul suedez Per Teodor
Cleve a descoperit elementul în 1879 i a numit-o pentru Thule , numele antic pentru
Scandinavia . Sursa principală de tuliu esteMonazit mineral care constă din aproximativ
 apte miimi de 1 % tuliu . Ea are câteva aplica ii comerciale , în afară de a fi utilizate în
lasere . Este scump, dar foarte pu in din metal este disponibil pentru experimentare .

yterbiu
Număr atomic : 70

Simbolul chimic : Yb
Grupa III B Rare Pământ Element (Lantanide)

Yterbiu , primul element rar să fie descoperite se gaseste din abundenta modest în scoarța terestră și mereu în compania de pământuri rare . Acesta a fost descoperit de chimistul francez Jean de Marignac în 1878 ca o componentă a mineralului cunoscut sub numele de erbia și a numit pentru satul suedez Ytterby pe baza concentrațiilor sale ridicate de erbiu . De metal yterbiu pur nu a fost disponibil pentru studiu până în 1953 . Aplicațiile sale comerciale sunt ca un agent de aliere cu oțel inoxidabil . Anumite aliaje au fost de asemenea utilizate în stomatologie .

lutețiu
Număr atomic : 71
Simbolul chimic : Lu
Grupa III B Rare Pământ Element (Lantanide)

Deși el nu a publicat în mod oficial rezultatele sale , chimist american Charles James este acum considerat a fi descoperit lutetium în 1907 . De lucru în timpul începutul anilor 1900 de la Universitatea din New Hampshire , James a devenit o forță majoră în producția de elemente de pământuri rare . El și elevii săi vor procesa tone de minereu și de muncă prin cristalizări pentru a produce o singură probă . Metalică lutețiu pur este dificil și costisitor să se pregătească . Acesta este cel mai greu și mai greu element de pământuri rare . Nu au fost elaborate aplicații comerciale .

hafniu
Număr atomic : 72
Simbolul chimic : Hf
Grupa IV B Element de tranziție

Proprietăți de hafniu , precum și istoria sa sunt strâns legate de zirconiu . Multi au prezis existența elementului 72 , dar omniprezența de gemene sale chimice interferat cu identificarea acestuia . Utilizarea sa principală hafniu se bazează pe una dintre câteva diferențe sale de zirconiu . Capacitatea sa de a absorbi neutroni termici se un material util pentru bare de control ale reactorului face . Principalele avantaje ale hafniu în comparație cu alte materiale tija este tăria și rezistența la corozinue acestuia . Din păcate, într-un reactor destul de marecostul de tije hafniu poate fi de 1 milioane dolari sau mai mult .

TANTALUM
Număr atomic : 73
Simbolul chimic : Ta
Grupa VB tranziție Element

Tantal este un metal extrem de greu și foarte greu . Inerției sale chimice face tantal extrem de rezistent la atacul substanțelor în corpul uman . Acest lucru a condus la o serie de aplicații în chirurgie dentară și medical . Tantal ca agent de aliere contribuie rezistenta la coroziune , ductilitate , duritate și un punct de topire ridicat la o varietate de alte metale . Cu toate acestea, o altă utilizare majoră a tantal este în construcția de condensatori electrolitici mici, dar puternice . Aceste condensatoare sunt utile în special în circuitele electronic miniaturizat , care se află în centrul de dispozitive , cum ar fi telefoanele mobile și computere .

TUNGSTEN
Număr atomic : 74
Simbolul chimic : W
Grupa VIB tranziție Element

Una dintre cele mai importante utilizări ale tungsten este în fabricarea de filamente pentrubec comun . Tungsten are cel mai înalt punct de topire -3410 ° C și cel mai înalt punct de fierbere 5900 ° C - din orice metal . Cererile ridicate temperaturi din gama tungsten de la elementele de încălzire în încălzitoare electrice la duzele de pe motoarele de rachete de vehicule spațiale . De energie electrică care curge printr-un cablu spiralat de tungsten produce suficienta caldura pentru a face firul fierbinte alb . Pentru a prevenisupraîncălzirea metalului gaze inerte, ca azot și argon sunt închise înbulbul conține un filament de tungsten .

reniu
Număr atomic : 75
Simbolul chimic : Re
 Grupa VIIB de tranziție Element

Reniu una dintre cele mai rare de elemente a fost descoperit în minereuri de platina de chimisti germani Ida Tacke , Walter Nodack și Otto Carl Berg în 1925 . Acesta este un metal extrem de densa , cu un luciu gri argintiu și un punct de topire depășit doar de tungsten și carbon . Aceasta este baza pentru utilizarea reniu , în combinație cu tungsten pentru a face termocupluri pentru temperaturi la fel de mare ca 2000 de grade C. reniu de măsurare este în principal utilizat ca un agent de aliere pentru fabricarea de metale , care sunt rezistente la uzură , cum ar fi cele necesare pentru contacte de comutare electric și electrozi .

osmiu
Număr atomic : 76
Simbolul chimic : Os
Grupa VIIIB de tranziție Element

Deoarecemetalul pur este dificil de realizat , osmiu este adesea fabricat sub formă de pulbere care este apoi format în masă solidă prin încălzire . Pulberea oxidează în aer □i este emisă lent ca un gaz toxic cu miros puternic capabil de a provoca pulmonare □i deteriorarea pielii . Emisia de gaze de oxid otrăvitor face utilizarea de metal osmiu imposibil . Ca aditiv aliere cu toate acestea , este destul de sigur □i este în principal utilizată pentru a face aliaje dure cu metale cum ar fi platina si iridiu . Aceste aliaje sunt folosite pentru contacte de comutare electrică , ace de gramofon □i sfaturi stilou .

IRIDIUM
Număr atomic : 77
Simbolul chimic : Ir
Grupa VIII B Element de tranzi□ie

Iridium este o gălbuie metal pre□ios alb fragil . În general, se găse□te în minereurile care con□in platină sau nichel . Separă de aceste minereuri este o sarcină laborioasă □i costisitoare , care se justifică numai prin recuperarea simultană de platină □i nichel . Aplicarea □ef de Iridium este ca un aditiv de platină crearea de aliaje care cresc duritatea din urmă metalului . Rezistenta la coroziune Iridium face , de asemenea, utile înfabricarea de elemente care necesită puritate absolută , cum ar fi ace hipodermice □i motoarele pentru rachete .

PLATINUM
Număr atomic : 78
Simbolul chimic : Pt
Grupa VIII B Element de tranzi□ie (metale pre□ioase)

Multe utilizări ale platină profita de stabilitate chimică □i iner□ie . Acesta este folosit în rafinarea petrolului , stomatologie , industria ceramică , industria electrice □i electronice , □i este foarte apreciat în realizarea de bijuterii . Platinum este , de asemenea, util pentruindustria de automobile . Aceasta ajută reac□ii chimice care curata de e□apament provenind de la motoarele de autoturisme , de conversie de monoxid de carbon □i de combustibil nears în apă □i dioxid de carbon . În plus, un bar de aliaj platină-iridiu serve□te ca standard mondial pentru kilogramul , unitatea de bază de masă în sistemul metric .

GOLD
Numărul atomic : 79
Simbolul chimic : Au
Grupa IB tranzi□ie Element (metale pre□ioase)

Aurul este tranzac□ionate în bursele de mărfuri □i de fluctua□iile de pre□ sale sunt considerate ca un indicator al stării de sănătate a economiei . Acesta este cel mai maleabil □i ductil din toate metalele . Pentru ca este , de asemenea, una dintre cele mai reactivă , se poate sus ine luciul genial . În natură de aur este, de obicei găsit ca un metal pur , de multe ori ca pepite sau fulgi . Puritatea ei este măsurată ca carate . Aur pur este declarat a fi de aur de 24 de carate . Pentru că este foarte moale , cu toate acestea , cele mai multe bijuterii de aur este facut din aur de 18 carate .

MERCURY
Număr atomic : 80
Simbolul chimic : Hg
Grupa II B Element de tranzi ie

Mercurul este singurul metal care este lichid la temperatura camerei i rămâne un lichid într-o gamă foarte largă i convenabil de temperaturi . Unele produse de uz casnic comune, care con in mercur sunt termometre , barometre , termostate , întrerupătoare de perete silen ioase i becuri fluorescente . Aplica ii industriale de mercur includ pompe de difuzie i lămpi cu vapori de mercur care generează luminile alb albăstrui de iluminat stradal . O altă proprietate utilă de mercur este capacitatea sa de a dizolva alte metale , pentru a forma aliaje cunoscute sub numele de amalgame . Stomatologi folosesc adesea amalgam de argint - mercur pentru a umple dintii .

taliu
Număr atomic : 81
Simbolul chimic : Tl
Grupa III A post- metal de tranzitie

O sursă comună de taliu este de zinc i plumb de rafinare . Acest metal maleabil i greu este destul de activ i roade încet în aer . Taliu i compu ii săi sunt extrem de toxice i există dovezi că se poate induce cancer . Chiar i în contact cu pielea poate fi periculoasă , de i în concentra ii extrem de mici taliu a fost utilizat în tratamentul ringworms . Sulfat de taliu este o otravă inodoră i insipidă , care a fost anterior folosit pentru a ucide obolani i insecte , dar acum a fost interzis în mai multe ări .

LEAD
Număr atomic : 82
Simbolul chimic : Pb
Grupa IV A

Plumbul este un metal extrem de maleabil , care poate fi cu u urin ă a lucrat pentru a face ustensile de toate tipurile . Monede de plumb i sculptură au fost gasite in mormintele egiptene datând din 5000 î.Hr. . Acesta este folosit pe scara larga pentru a face electrozi de acumulatori plumb . Plumbul este , de asemenea, o componentă importantă de lipire folosit pentru a face conexiuni electrice pe plăcile cu circuite în computere i televizoare . Ecrane de sticlă de televizoare con ine plumb pentru a proteja privitorul de la radiatii . De fapt, fiecare set TV conține aproape o jumătate de kilogram de plumb .

bismut
Număr atomic : 83
Simbolul chimic : Bi
Grupa VA Mesaj tranziție Metal

Bismut este un metal casant de culoare albă , care are o ușoară tentă gălbuie . Compusul de bismut subnitrat a fost utilizat ca antiacid întratamentul ulcerelor . Oxid de bismut este un pigment galben populară utilizate în produsele cosmetice . Ca bismut de apă este una dintre puținele substanțe care se extinde atunci când se schimbă de la lichid la solid . Această proprietate este folosit pentru a face aliaje ale caror volum rămâne constant , atunci când se solidifica . Metale aliate cu bismut poate fi folosit pentru mulaje si matrite care păstrează dimensiunile lor exacte chiar și atunci când este completat cu metale topite .

poloniu
Număr atomic : 84
Simbolul chimic : Po
Grupa VI A metaloid

Descoperirea de poloniu de Marie și Pierre Curie , în 1898 definește una dintre cele mai mari momente din istoria științei care să conducă la conceptul modern al nucleului atomic și o înțelegere a structurii sale . Poloniu are 27 izotopi cunoscuți și toate sunt radioactive . Cel mai la îndemână este de poloniu 210 , o metaloid argintiu , care este destul de volatil și de 100.000 de ori mai toxic decât cianura . În radiologiceizotopul amestecat cu beriliu sub formă de pulbere este adesea utilizat pentru a produce cantități mari de neutroni , fără utilizarea de reactor nuclear .

astatine
Număr atomic : 85
Simbolul chimic : La
Grupa VII Ahalogeni

Cantități mici de astatine există în mod natural ca produsele de dezintegrare de uraniu și toriu . Astatine a fost produsă pentru prima oară în 1940 de către o echipă de radiochemists prin bombardarea bismut cu particule alfa . Doar aproximativ 1 milionime de un gram de astatine a fost de fapt produse în mod artificial și, prin urmare , nu este surprinzator faptul ca putin se stie despre proprietățile sale . Chimie său trebuie să fie destul de similară cu cea de iod , deși există unele dovezi că ar putea fi ceva mai metalic .

RADON
Numărul atomic : 86
Simbolul chimic : Rn
Grupa VIII A gazele nobile

Radon este produs ca unul din produsele de dedezintegrarea radioactiva de uraniu i
toriu . Radon - 222 , cel mai lung izotop de durată se gaseste in concentratii
semnificative SA gaz în sol din cauza urme de uraniu sunt prezente în scoar a
Pământului . În timp ce ea este în cre tere , tutunul este supus la contaminare de radon
din sol i îngră ămintele fosfatice bogate de uraniu folosit de plantat . Cândtutunul într-
o igară este ars ,fumul inhalat supune fumător la niveluri de radia ii de 1000 de ori
mai mari decât cele întâlnite de către un lucrător într -o centrală nucleară .

franciu
Număr atomic : 87
Simbolul chimic : Fr
Grupa I A alcaline Metale

Franciu este cel mai greu de metale alcaline i una dintre cele mai instabile cunoscute .
Toate izotopi sale sunt radioactive încă chiar de cea mai lungă durată de izotopi de
franciu - 223 are un timp de înjumătă ire de numai 21 de minute. De 30 de izotopi sale
cunoscute , doar franciu 223 există în natură . Toate celelalte izotopi de franciu sunt
produse artificial in acceleratoare i reactoare nucleare i sunt prea instabil pentru a fi
studiate în orice profunzime . Elementul a fost descoperit în 1939 de către Marguerite
Perey de lucru la Institutul Curie din Paris . Acesta este numit de ara în care a fost
descoperit .

RADIUM
Număr atomic : 88
Simbolul chimic : Ra
Grupa II A - alcaline Pământului Metale

Radiu a fost descoperită de către Marie i Pierre Curie în 1898 . Pentru descoperirea
de radiu si poloniu , Marie Curie a primit Premiul Nobel în chimie . Ea a fost în al doilea
rând , ea a împărtă it primul cu so ul ei i Henri Becquerel în 1903 pentru
descoperirea de radioactivitate .
De metal radiu pur are o culoare alb strălucitor i este atât de luminescente că
străluce te în întuneric oferindu-off o culoare albastru slab . Radiu este folosit în multe
facilită i medicale pentru a genera radon gaz radioactiv , care este folosit pentru
tratamentul cancerului .

actiniului
Număr atomic : 89

Simbolul chimic : Ac
Grupa III B Element de tranziție (actinide)

Actiniului este un element radioactiv produs în mod natural de către dezintegrarea radioactiva a elementelor trăit mult timp radiu si toriu . Cantități foarte mici de ea au fost produse în mod artificial și are o aplicație comercial foarte limitat . Proprietățile sale chimice se aseamana cu cele de lantan . De asemenea, ca lantan , acesta este primul dintr-o serie de elemente numite actinide care sunt analoage lantanide . Cum ar fi pământurile rare , aceste elemente se adaugă electroni la o carcasă interioară orbital și , prin urmare, au proprietăți fizice și chimice similare .

TORIU
Număr atomic : 90
Simbolul chimic : Th
Grupa IIIB tranziție Element (actinide)

Toriu este un metal alb -argintiu radioactiv care pătează foarte încet atunci când sunt expuse la aer . Nisip monazit unele dintre care se găsește în plajele din Florida poate contine pana la 10 % toriu . În ciuda radioactivitate sale , toriu și compușii săi au mai multe aplicații comerciale . Aceasta servește ca un emițător de electroni eficientă pentru aparate electronice . Lumina strălucitoare ca de oxid de ardere emite în timp ce face , de asemenea, util în fabricarea anumitor lămpi cu gaz portabile . Toriu 232 , un izotop cu un timp de înjumătățire de 14 miliarde ani arata mare promisiune de a deveni o sursă de energie nucleară în viitor .

protactiniu
Număr atomic : 91
Simbolul chimic : Pa
Grupa III B Element de tranziție (actinide)

Este unul dintre scarcest șimai scump tuturor elementelor existente în mod natural . Doar câteva sute de grame sunt disponibile pentru studiu . Această sumă de post a fost produsă în mare parte în Anglia în urmă cu 30 de ani în care a fost extras de la 60 de tone de minereu , la un cost de o jumătate de milion de dolari . Nu de mult se stie despre proprietățile sale fizice și chimice . Acesta este un metal alb-argintiu , cu un luciu stralucitor care se pierde foarte lent în aer , prin oxidare . De asemenea, este cunoscut ca fiind foarte toxic .

URANIU
Număr atomic : 92
Simbolul chimic : U
Grupa III B Element de tranziție (actinide)

Uraniul este ultima   i cea mai greaa elementelor care apar în mod natural . Descoperit
în 1841 , a fost primul element radioactiv să fie identificate . În 1930 sfâr itul anilor prin
experimente cu uraniu oameni de stiinta germani , Lise Meitner si Otto Hahn a observat
un proces care mai târziu a fost recunoscut a fi o fisiunea nucleară . Capacitatea
neutronii eliberată în timpulfisiuneanucleului de uraniu a se împăr i alte nuclee de
uraniu, a fost utilizat rapid de oamenii de   tiin ă pentru a crea o reac ie în lan de
sine stătătoare . Când controlată , această reac ie produceenergia ob inem de la
reactoarele nucleare . Când necontrolată poate crea o explozie atomica .

neptuniu
Număr atomic : 93
Simbolul chimic : Np
Grupa III B Element de tranzi ie (actinide)

Neptuniu a fost primul element Transuranice produs în mod artificial . De lucru la
ciclotronul de la Universitatea din California, la Berkeley , în 1940 , fizicienii americani
Edwin McMillan i Philip Abelson produs neptuniu prin bombardarea uraniului cu
neutroni . În prezent, este cunoscut faptul că cantită i urme de neptuniu d exista de fapt
în natură ca urmare a ac iunilor de neutroni în elementul de uraniu . În prezent, 18 de
izotopi de neptuniu -au produs tot de pe ei radioactive.The cele mai importante i
primul care a fost produs a fost neptuniu-237 , cu un timp de înjumătă ire de 2,1
milioane de ani.

PLUTONIULUI
Număr atomic : 94
Simbolul chimic : Pu
Grupa III B Element de tranzi ie (actinide)

Plutoniu are 15 izotopi cunoscute toate dintre ele radioactive . Plutoniu 239 este cel mai
important , pentru că fisiuni u or atunci când bombardate de neutroni termici . Cum ar fi
uraniu 235 , nuclee de atomi de împăr it în două nuclee de dimensiuni intermediare (
numite fragmente de fisiune), eliberând cantită i mari de energie i de a produce mai
multe neutroni pentru a sus ine o reac ie în lan . Amestecat cu beriliu sub formă de
pulbere , este o sursă eficientă de neutroni pentru lucrări tiin ifice . Plutoniu pot fi
produse în cantită i mari în reactoarele nucleare . Abundenta a făcut alegerea numarul
unu pentru arme nucleare .

americiu
Număr atomic : 95
Simbolul chimic : Am
Grupa III B Element de tranzi ie (actinide)

Acesta a fost descoperit în 1944 de o echipa de chimisti , sub conducerea echipei Glenn Seaborg.His produs americiu - 241 , unul dintre cele 14 izotopi cunoscute toate din care sunt radioactive . Americiu 241 se face în cantită□i mari în reactoare nucleare . Intense raze gamma care le emite face foarte util ca o sursă portabilă de radiografii . De asemenea, este folosit în detectoare de fum .

curium
Număr atomic : 96
Simbolul chimic : Cm
Grupa III B Element de tranzi□ie (actinide)

Curium este un metal alb-argintiu , care este foarte reactiv . Primul dintre 14 izotopi sale cunoscute a fi descoperite fost curium 242 . Curium 242 □i curium 244 au fost folosite ca surse de energie în zone izolate . Radia□ia ace□ti izotopi emit poate fi transformată în căldură □i apoi în energie electrică prin dispozitive termoelectrice . De□i are o via□ă jumătate relativ scurt , puterea de curium 242 este impresionant adică aproximativ două-trei wa□i pe gram . Aceste unită□i compacte sunt utile pentru stimulatoare cardiace , balize de naviga□ie de la distan□ă □i misiuni spa□iale .

Berkeliul
Numărul atomic ; 97
Simbolul chimic : Bk
Grupa III B Element de tranzi□ie (actinide)

Acesta a fost descoperit la UC Berkeley în 1949 de către o echipă formată din George Seaborg , Stanley Thompson □i Albert Ghiorso □i a fost numit după ora□ul . Ei au sintetizat folosind un ciclotron a bombarda un e□antion de americiu 241 cu particule alfa . Folosind berkelium 249 , a fost posibilă în 1962 pentru a produce 3 miliardime de gram de clorură Berkeliul . Încă nu au fost elaborate aplica□ii comerciale sau □tiin□ifice .

californium
Numărul atomic ; 98
Simbolul chimic : Cf
Grupa III B Element de tranzi□ie (actinide)

Acesta a fost descoperit de o echipa de chimisti , folosind un ciclotron pentru a bombarda curium 242 cu particule alfa . Izotopul californiu 252 numit de statul California emite spontan neutroni . Surse de neutroni sunt uneori greu de gasit . Fie un reactor nuclear este necesar sau unele emi□ător puternic radioactive de particule alfa , cum ar fi plutoniu trebuie amestecat cu praf de beriliu . Descoperirea unei surse de neutroni extrem de portabil sugerează multe aplica□ii posibile pentru californium 252.It pot fi u□or luate în domeniile de analiză a straturilor purtătoare de ulei de pământ sau de minerit de aur □i argint .

EINSTEINIUM
Număr atomic : 99
Simbolul chimic : Es
Grupa III B Element de tranzi ie (actinide)

Albert Ghiorso   i colaboratorii săi au descoperit acest element în 1952 în timp ce
investiga resturile de explozie bomba cu hidrogen în izotopi Pacific.16 sunt cunoscute ,
cel mai stabil fiind einsteinium 254 , cu un timp de înjumătă ire de 252 zile . Cele mai
multe dintre ace ti izotopi au fost produse în flux ridicat de izotopi reactorul de la Oak
Ridge National Laboratory din Tennessee prin iradierea plutoniului 239 , cu fascicule
intense de neutroni .

fermium
Numărul atomic : 100
Simbolul chimic : Fm
Grupa III B Element de tranzi ie (actinide)

Ca einsteinium , fermium a fost identificat în 1952 de către Ghiorso   i co- lucrătorilor în
resturile de hidrogen bomba explozie în Pacific . Izotopi de fermium numit dupa Enrico
Fermi sunt de obicei sintetizate prin supunerea elemente , cum ar fi uraniu   i plutoniu
pentru intens bombardament cu neutroni . Într-un mediu bogat de neutroni , un element
precum uraniu poate suferi de captare a neutronilor succesivă a absorbi adesea nu mai
pu in de 16-17 neutroni pentru a produce elementele transuran grele .

MENDELEVIUM
Numărul atomic : 101
Simbolul chimic : Md
Grupa III B Element de tranzi ie (actinide)

A noua Elementul Transuraniene artificial numit de Dmitri Mendeleev a fost descoperit
în 1955 de către un grup de oameni de stiinta sub Albert Ghiorso . Continuarea
căutarea lor pentru elemente din ce în ce mai grele, echipa a folosit ciclotronul de la
Berkeley a bombarda einsteinium 253 cu particule alfa (nuclee de heliu) i în cele din
urmă fabricate mendelevium 256 . Sumele mici făcut identificarea ei foarte dificil . Se
spune adesea că acest element a fost sintetizat un atom la un moment dat . Doar urme
de izotopi mendelevium au fost făcute   i se cunoa te pu in de chimie lor .

nobelium
Numărul atomic : 102
Simbolul chimic : Nu
Grupa III B Element de tranzi ie (actinide)

În crearea nobelium 254 , Ghiorso si colegii sai au bombardat un e□antion de 246 curium cu carbon 12 ioni care utilizează accelerator liniarde ioni grei . 11 izotopi pana acum au fost sintetizate □i toate sunt radioactive . Nobelium 259 este cel mai lung trăit cu un timp de înjumătă□ire de 57 de minute. Numit pentru Alfred Nobel , acesta a fost produs în cantită□i suficient de mari pentru a permite studiul proprietă□ilor sale chimice □i fizice .

LAWRENCIUM
Numărul atomic : 103
Simbolul chimic : Lr
Grupa III B (actinidele)

Continuarea □ir lor uimitoare a descoperiri , oamenii de stiinta Berkeley sintetizat □i izolat lawrencium în 1961 prin bombardarea unui amestec de trei izotopi de californium cu bor-10 □i bor 11 ioni care utilizează grele Accelerator Linear Ion . □inta cântărit doar câteva milionimi de gram încăechipa a reu□it să producă lawrencium 258 , cu un timp de înjumătă□ire de 4 secunde. A fost numit în onoarea lui Ernest O.Lawrence , inventatorul ciclotron .

rutherfordium
Numărul atomic : 104
Simbolul chimic : Rf
Grupa IV B A Transactinide

O istorie de cereri concurente confundat numirea a elementului 104 . Echipa de la Berkeley , precum □i un grup din Rusia a pretins credit pentru elementul 104 . Cererea american a câ□tigat a doua zi . Este numit dupăneozeelandez Ernest Rutherford !

dubnium
Numărul atomic : 105
Simbolul chimic : Db
Grupa VB A Transactinide .

Contencios descoperirii sale au afectat elementul 105 . În 1970 Ghiorso □i echipa sa de la Berkeley bombardat californium 249 cu azot grele de 15 ioni □i identificat elementul pe care au numit dupa Otto Hahn □i a ob□inut aprobare de la American Chemical Society . Cu toate acestea , în 1997, IUPAC a decis t schimba numele la dubnium . Proprietă□ile sale chimice □i fizice sunt necunoscute .

SEABORGIUM
Numărul atomic : 106

Simbolul chimic : Sg
Grupa VI B A Transactinide

Ca i celelalte două elemente disputate , cererea de descoperire a elementului 106 ,
împreună cu dreptul de a se numi a fost un subiect de dispută . În 1974 , o echipă din
Rusia au declarat că au produs unnilhexium . Deoarece experimente nu a reu it să
confirme rezultatul lor , cererea lor a fost în dubiu . Cam în acela i timp , oamenii de
stiinta de la Berkeley a raportat descoperirea de unnilhexium 263 după bombardarea
californium 249 cu oxigen-18 . În 1993 , oamenii de stiinta de la Lawrence Livermore i
Berkeley Laboratoarele au repetat experimentul i a confirmat rezultatul . A fost numit
în onoarea lui Glenn Seaborg .

BOHRIUM
Numărul atomic : 107
Simbolul chimic : Bh
Grupa VII B A Transactinide

În 1981 , crearea de unnilseptium a fost anun at de către fizicieni care lucrează în
Darmstadt , Germania, la GSI . Echipa a propus nielsbohrium nume după Neils Bohr .
Cererile lor de cercetare au fost confirmate în 1992 de către IUPAC . În 1997 , au
schimbat numele pentru a bohrium .

HASSIUM
Numărul atomic : 108
Simbolul chimic : Hs
Grupa VIII B A Transactinide

In 1984 o echipa de plumb de Peter Ambruster i Gottfried Miinzenberg a anun at
descoperirea a unniloctium , elementul 108 . Acest lucru a fost aceea i echipă care a
sintetizat bohrium . Numele ei a fost propus hassium după haasia numele latin pentru
limba germană de stat Hesse. În 1992 IUPAC a confirmat concluziile i numele .
Proprietă ile chimice i fizice sunt necunoscute .

MEITNERIUM
Numărul atomic : 109
Simbolul chimic : Mt
Grupa VIII B A Transactinide

În 1982 , echipa de Darmstadt a anun at descoperirea a elementului 109 prin
bombardarea bismut 209 de fier mare de energie de 58 ioni . Incredibil cum poate părea
doar 3 atomi au fost create i au decăzut într-o chestiune de 3.4 miime de secundă . Ei
au propus să-l numească după Lise Meitner , care a descris pumn fisiunii nucleare ,
împreună cu Otto Hahn .

UNUNNILIUM
Numărul atomic : 110
Simbol chimic ; Uun
Grupa VIII B A Transactinide

După aproape 10 ani de oamenii de stiinta internaționale care lucrează la GSI din Germania a creat cu succes a patru sau cinci atomi de un element nou 110 . Folosind un accelerator de mare pentru a conduce atomi de nichel la viteze mari au bombardat o folie subțire de plumb cu aceşti atomi în mişcare rapidă de nichel . Elementul nou sparge repede afară şi se dezintegrează în atomi mai uşoare . Acesta a fost detectat de către cele 4 particulele alfa se emite în timpul procesului de descompunere .

UNUNUNIUM
Numărul atomic : 111
Simbolul chimic : Uuu
Grupa IB A Transactinide

Proprietățile chimice ale elementului 111 nu sunt cunoscute . Aşa cum acesta se află în aceeaşi coloană ca aurul şi argintul este probabil un metal . După o accelerare atomi de nichel la viteze mari cercetatori germani bombardat bismut cu aceşti atomi de nichel în mişcare rapidă . Identificarea acestui element este important , deoarece sprijină teoria că există o " insula de stabilitate " pentru elemente apropiate de elementul 114 . Elementul are un timp de înjumătățire de aproximativ 8 ori mai mare decât de ununnilium .

UNUNBIIUM
Numărul atomic : 112
Simbolul chimic : Uub
Grupa II B A Transactinide

La data de 9,1996 GSI în Germania, a anunțat crearea elementului 112 tuturor contractelor de credit pentru a echipa internationala sub Peter Ambruster . Ei au bombardat atomii de zinc , care au fost accelerate la viteze mari cu gloanțe în mişcare rapidă de plumb . În timpul coliziunii unui atom de zinc a reuşit să fuzioneze cu atomul de plumb .

ununquadiu
Numărul atomic : 114
Simbolul chimic : Uuq
Grupa IB A Transcatinide

În 1999, o echipă de oameni de stiinta de la Institutul Comun pentru Cercetare Nucleară din Rusia a anun at crearea unui nou metalic ultra - grele . Echipa utilizat un ciclotron a bombarda plutoniu 244 , cu un fascicul de calciu 48 de nuclee . După aproximativ 40 de zile de bombardament , un nucleu calicium cu 20 de protoni fuzionat cu nucleul de plutoniu cu 94 de protoni producând un element cu 114 protoni . De i instabil a supravie uit un timp relativ lung .

Hotărârea de a găsi răspunsuri ascunse ale naturii nu a scăzut . Căutarea rămâne pentru totdeauna căutarea continuă de noi elemente supergrele . For a motrice din spatele acestui efort este căutarea cunoa terii , care va ini ia un domeniu bogat nou de studiu a proprietă ilor nucleare i chimice ale elementelor .

Există, de asemenea, o motiva ie mai utilitar pentrucăutarea de elemente care alcătuiescinsula de stabilitate . Multi oameni de stiinta cred ca , de exemplu, că aceste noi elemente vor forma materiale neobi nuite cu proprietă i exotice niciodată înainte de văzut . Răspunsurile fiind solicitate în acest efort sunt de o importan ă fundamentală pentru în elegerea noastră a universului .